VOLUME 75

ANDENS INFÖRLIVANDE I DEN FYSISKA KROPPEN

SANNOLIKHETEN ÄR INTE ENERGINS KVANTVÄRDE

Första utgåvan

Carlos L Partidas

DEDIKATION

FÖR MILEVA MARIĆ RUZIĆ, SERBISK FYSIKER OCH MATEMATIKER, SOM TROLIGEN VAR UPPHOVSMANNEN TILL RELATIVITETSTEORIN. MILEVA MARIĆ BÖR TILLDELAS FÖRTJÄNSTEN FÖR ATT HA MINSKAT DEN ENERGIRELATERADE EKVATIONEN $E=MC^2$. DETTA ÄR DEN EKVATION SOM FASTSTÄLLER HUR ENERGI OMVANDLAS TILL MASSA OCH SOM REVOLUTIONERADE MÄNSKLIGT TÄNKANDE. DET ÄR BARA DET ATT MASSA AVSER PARTIKLAR SOM INTE HAR NÅGON MATERIA

INNEHÅLL

ERKÄNNANDE

TILL DEN TYSKE KEMISTEN HERMANN EMIL FISCHER. TACK VARE
HANS BIDRAG KAN VI FÖRSTÅ LIVETS KEMI

DEN NEDERLÄNDSKA KEMISTEN JACOBUS HENRICUS VAN 'T HOFF. EN
HENRICUS VAN 'T HOFF ÄR ANSVARIG FÖR FÖRKLARINGEN AV
FENOMENET KIRALITET, SOM ÄR GRUNDLÄGGANDE FÖR FÖRSTÅELSEN
AV DEN TREDIMENSIONELLA FORMEN AV MAGNETISK MASSA OCH
ELEKTRONISK MATERIA

1

SANNOLIKHET FÖR ROTATION

Den elektroniska materian i en fysisk kropp skiljer sig från den magnetiska massan i ett fysiskt frimärke. Den elektroniska materian i en fysisk kropp bildades genom integrering av elektronisk energi, medan den magnetiska massan i ett fysiskt frimärke är resultatet av integrering av magnetisk energi. Elektronisk materia bildar en fast fysisk kropp, medan magnetisk massa inte innehåller någon som helst elektronisk materia; därför bildar magnetisk massa en tredimensionell holografisk figur som liknar elektronisk materia; men denna magnetiska massa är en energi som inte innehåller någon elektronisk materia alls.

Till exempel består andar av magnetisk massa utan någon elektronisk materia. Den elektroniska materiens vikt beror på den punkt i rummet där den elektroniska materien befinner sig. Ur ett gravitationsperspektiv är därför varje punkt i rummet annorlunda, och vid varje punkt i rummet måste vi hänvisa till den elektroniska materiens vikt men inte till den magnetiska massan, eftersom den magnetiska massan inte påverkas av gravitationen i det fysiska rummet. Vikt hänvisar till ackumulationen av elektronisk materia, medan attraktionen av elektroniska kroppar inte påverkar den magnetiska massan hos en ande.

De två definitionerna kan uppenbarligen skiljas åt; eller låt oss säga att elektronisk materia är fysisk; därför kan vi se elektronisk materia från den fysiska världen. Medan den magnetiska massan hos en ande inte kan ses av alla i den fysiska världen, eftersom magnetisk massa är ett konsoliderat energitillstånd, som endast kan ses av människor som har ett förstärkt synfält, eller som har ett synfält som liknar synfältet hos ett spädbarn, eller ett barn upp till fem års ålder.

En annan aspekt av elektronisk materia är att elektronisk materia inte är medveten om sin egen existens; därför är elektronisk materia inte medveten om universums existens. Medan magnetisk massa är medveten om sin existens och om universums existens. Magnetisk massa är den energi som kännetecknar och rör den elektroniska materian i en fysisk kropp, eller den energi som definierar dualiteten och existenskvaliteten hos en levande varelse.

I figur 1 kan man se att den elektroniska materian från början bildades genom den spontana integreringen av två elektroniska energier som roterar i samma riktning. Integrationen av dessa två positiva energier kan förklaras med sannolikheten för rotationsriktningen. Energi produceras genom rörelse; därför kan energins rörelse förklaras med sannolikheten för rotation. Energins rotation kan alltså förklaras med fermioner och bosoner. Energins rörelse kan till exempel förklaras av fermioner, eftersom vi inte vet vad energivärdet är, så nivåerna är sannolikheter, men de är inte kvantnivåer.

Fermioner som snurrar i samma riktning kan integreras utan att denna integration påverkar energivärdet på den nivån. Till exempel kan 2 fermioner som snurrar från vänster till höger, dvs. +1/2 och +1/2, spontant integreras. Och de 2 fermioner som snurrar i riktning från höger till vänster, dvs. -1/2 och -1/2 fermioner, kommer spontant att integreras. Föreningen av dessa två positiva och negativa fermioner kan förklaras med integrationen av en BE-boson.

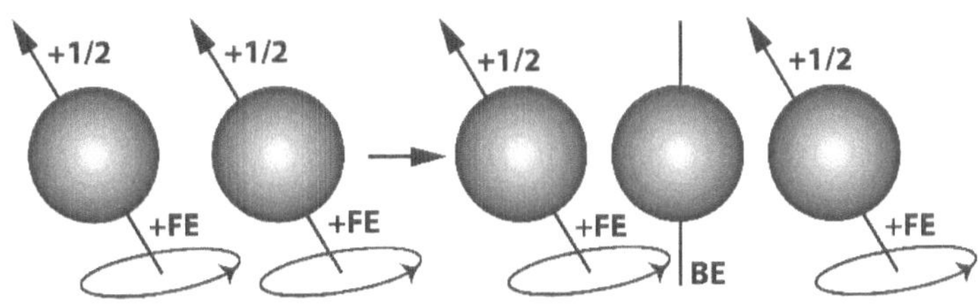

FIGUR 1

SKAPANDE AV ELEKTRONISK OCH MAGNETISK ENERGI FB GENOM RÖRELSEN AV EN ALMATRINO

I figur 1 visar vi de två fermionerna som pekar uppåt. Vi kan se i figur 1 att en fermions spinnsannolikhet skapar två typer av energi genom rörelsen: den elektroniska energin pekar uppåt i riktning mot energiflödet, och rörelsen av denna elektroniska energi skapar en magnetisk energi som snurrar vinkelrätt mot flödet av den elektroniska energin.

Sannolikheten för nästa fermion som bildas på den nivån måste nödvändigtvis peka sitt energiflöde nedåt, så att de två fermionerna kan innehålla samma mängd energi på samma energinivå. Denna energimängd som läggs samman ger oss ett energivärde som inte ändrar energivärdet på den sannolikhetsnivån.

I det här fallet representerar figur 2 den första energinivån från vilken universum började bildas. Fermionen 1 i figur 2 är spinnsannolikheten för den första partikeln som förband ingenting med det som nu är universum; därför måste den ha varit den minsta partikel som en människa med rationell analysförmåga kan tänka sig.

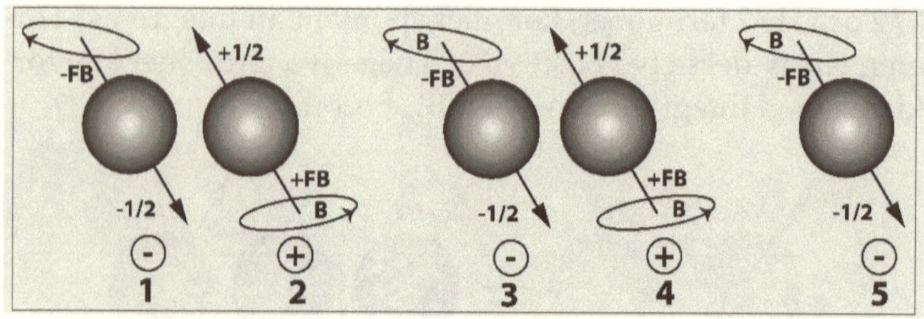

FIGUR 2

BILDANDET AV UNIVERSUMS FÖRSTA ENERGINIVÅ

Värdet av energimängden på den första nivån vet vi inte, eftersom vi bara kan analysera sannolikheterna för sammankopplingen mellan elementarpartiklarna.

Spinnsannolikheten för fermion 5 i figur 2 är den som förbinder nivå 1 med nivå 2. Fermion 11 i figur 3 är den som integrerar fermion 12 med den tredje energinivån.

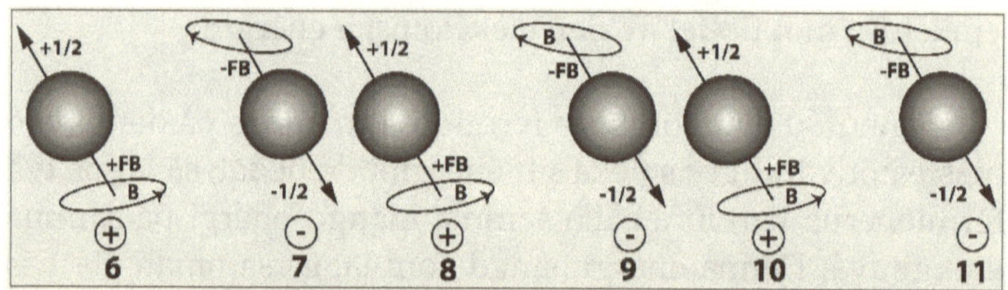

FIGUR 3

ENERGINIVÅ 2, HAR EN SANNOLIKHET FÖR INTEGRERING, SOM KAN REPRESENTERAS AV EN FÖLJD AV ENERGINIVÅHÄNDELSER

Det kommer att ske på detta sekventiella sätt, i en följd av energinivåer som vi kan representera med hjälp av sannolikheterna för sammankoppling, och vars sekvens går mot ett oändligt värde av energinivåer.

För att en andra partikel ska kunna bildas kommer den att vara en fermion med en spinnsannolikhet som anger att flödet av dess elektroniska energi kommer att peka uppåt, det vill säga i motsatt riktning mot partikel 1. Partikel 3 kommer att ha sin energi riktad nedåt, precis som partikel 1. På varje energinivå kommer vi därför att ha fyra partiklar. Dessa 4 partiklars rörelse kan representeras av 4 fermioner. De 2 fermionerna 1 och 3 pekar med sin energi nedåt, dvs. fermionerna 1 och 3 är negativa fermioner som spontant integreras och bildar en förening som representerar den negativa elektroniska materian.

Denna form av rörelsesannolikheterna visar att den första partikeln som bildade universum snurrade från höger till vänster; det vill säga den första partikeln som bildade universum var en positiv partikel vars elektroniska energi flödade uppåt.

Fermionerna 2 och 4 pekar sin energi uppåt, dvs. vi kan definiera detta energivärde som positivt. Sannolikheten säger oss att dessa 2 positiva fermioner kommer att integreras spontant. Och på så sätt bildas positiv elektronisk materia.

En boson är en sannolikhet för att de två fermionerna, som kan vara positiva eller negativa, kommer att integreras. En boson representerar alltså en 100-procentig sannolikhet. Vi kan inte tilldela denna sannolikhet en rotationsriktning; det är en absolut sannolikhet. Till exempel är summan av spinnsannolikheterna för en boson två fermioner på 50 + 50 %; denna summa ändrar därför inte det absoluta värdet av sannolikheten på den energinivån, som är en sannolikhet som kommer att förbli 100 %.

Det vill säga, på ett fysiskt sätt placeras en boson mellan två fermioner, vars energi strömmar i samma riktning för att integrera dem. Fermioner kan vara positiva och negativa, men en fermions positiva och negativa tecken är inte ett matematiskt tecken. Tecknet används endast för att ange rotationsriktningen för en integrationssannolikhet. Det finns alltså ingen boson som har noll energi; den definitionen har ingen fysisk betydelse. Det är en sannolikhet för rörelse.

Denna minimala ursprungliga partikel som genererade energi genom rörelsen, och från vilken universum bildades, var vi tvungna att definiera som en almatrino. En almatrino är bara energi; på så sätt att energin i en almatrino varken har elektronisk laddning eller elektronisk materia; den har inte heller magnetisk massa. Med andra ord är en almatrino endast energi, och denna ursprungliga energi kan inte definieras som magnetisk energi eller elektronisk energi. En almatrino är bara den ursprungliga energi som började röra sig i det första ögonblicket. Det är från den första rörelsen av en almatrino som all elektronisk materia och magnetisk massa som finns i universum fram till detta ögonblick genererades.

Existensen av dessa två typer av energi kan förklaras med energiavvikelsen Ev=m0C3, som härleddes från ekvationen E=mC². Låt oss säga att E=mC² är Mileva Marićs energiaekvation, tills historien klargör förtjänstsituationen. Allt tyder dock på att författarskapet till denna energidekvation för omvandlingen av elektronisk materia från integreringen av elektronisk energi tillfaller den serbiska matematikern och fysikern Mileva Marić. När man gjorde denna härledning tog man dock inte hänsyn till att den magnetiska massan skiljer sig från den elektroniska materian.

Den elektroniska materia som hittills existerar i universum bildades genom integrering av elektronisk energi. Universums elektroniska energi kommer att fortsätta att bildas av universums eviga rörelse. Universums rörelse är och kommer att vara evig, eftersom universum alltid kommer att vara i rörelse, eftersom universum expanderar mot ingenting.

I ingenting existerar ingenting; därför finns det i ingenting inga krafter som motsätter sig universums tillväxt. Därför kommer universums rörelse att vara progressiv och kontinuerlig mot ingenting. Eftersom det finns mer rörelse kommer mer energi att skapas; därför kommer universums tillväxt att vara evigt mot ingenting. Ingenting är lika stort som universum, och när universum växer rör sig gränsen mellan ingenting och universum bort mot ingenting.

Energi skapas genom rörelse; därför kommer det inte att vara möjligt att stoppa universums expansiva rörelse.

Det finns två sätt för universum att nå ett tillstånd av termisk jämvikt. Det ena är att universum i sig självt skapar utrymme; när det utrymme som skapas av universum i sig självt ökar, förslösar universum därför sin termiska energi. Den andra faktorn som uppnår termisk jämvikt i universum är att universum ökar sin entropi; därför expanderar universum kaotiskt mot ingenting, eftersom det i ingenting finns ingenting som kan skapa en ordning.

Universums rörelse skapar alltså sin egen energi, och det är denna energi som driver sig självt mot ingenting, och därför kommer universums rörelse ständigt att vara mot ingenting.

Det finns ingen energi som inte har någon rörelse, och eftersom det är energi kommer energin alltid att vara i rörelse. Någon kommer inte att komma och säga att det var en varelse som kallas Gud som fick almatrino att röra sig för att skapa energi från rörelsen hos en almatrino, som inte har någon laddning eller massa. En almatrino är den minsta ursprungliga partikel som kan rymmas i vår fantasi och som började röra sig av sig själv.

I ingenting existerar ingenting, därför kan Gud inte ha funnits i ingenting för att skapa universum. Med andra ord existerar Gud inte. Gud är bara ett filosofiskt begrepp som har fyllt ett förklaringslöst tomrum i de flesta människors sinnen. Denna gudsteori ledde till att ett stort antal mytologier uppstod, och ur mytologierna uppstod religioner, och ur religionerna formades de olika filosofiska strömningarna av hur var och en uppfattar Gud, eftersom var och en av dessa mytologiska uppfattningar kommer att ge oss en annan uppfattning om Gud.

Som framgår av figur 1 genererar rörelsen av den uppåt-riktade elektroniska energin 2 och 4 en magnetisk energi +FB som roterar i en riktning från vänster till höger. Energiflödet kan demonstreras med hjälp av den högerregel som visas i figur 4.

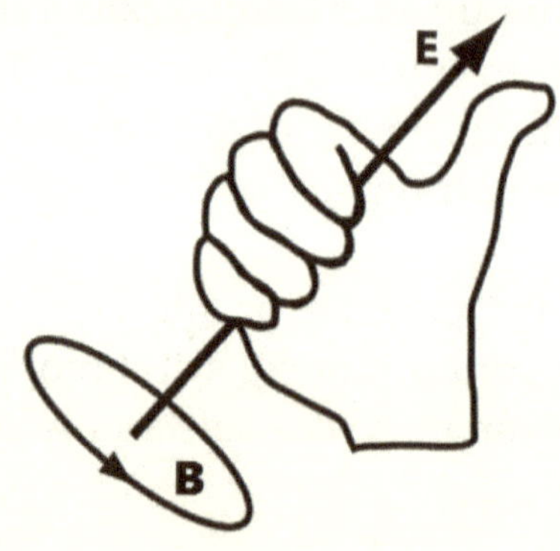

FIGUR 4

ENERGINS RÖRELSE ENLIGT DEN HÖGRA MINNESREGELN

Denna integrering av de magnetiska energierna 2 och 4 FB i figur 1 är lika spontan och positiv, eftersom den elektroniska energin snurrar i samma riktning.

Det skulle vara som att titta på två jordiska tornados som snurrar i samma riktning: de två tornadosen skulle integreras spontant och en ny tornado som snurrar i samma riktning skulle bildas. Energin i denna nya tornado kommer att vara summan av de två tornados som smälte samman. Värdet av den totala integrationsenergin förändras inte, endast de två energierna adderas; detta kommer att ge oss energin hos den nya tornadon som bildades. Men om de två tornadorna snurrar i olika riktningar skulle dessa två tornados stöta bort varandra och flyga iväg ut i rymden på olika vägar på ett oorganiserat sätt.

Men på ett logiskt och organiserat sätt bildades en oändlig mängd energinivåer, vars rörelse vi kan beskriva med hjälp av bosoner och fermioner.

Dessa energinivåer är i själva verket sannolikheter, som vi kan beskriva med hjälp av bosoner och fermioner, eftersom vi som sagt inte kommer att veta vilket värde denna initiala energi har för att kunna kalla den kvantenerginivåer, eftersom energi inte kan ha fasta värden, det vill säga energi kan inte ha kvantvärden. I verkligheten är de värden som definieras av kvantenergin sannolikheter.

På den första energinivån har vi alltså integrationssannolikheten för två elektroniska energier som roterar i samma riktning. För den positiva elektroniska energin är sannolikheten till exempel: [(+1/2) + (+1/2)]. Den positiva eller uppåtriktade elektroniska energin integreras spontant och den positiva elektroniska materian i de elektroniska atomkärnorna bildas.

Den negativa eller nedåtriktade elektroniska energin bildar elektronernas negativa elektroniska materia, dvs. [(-1/2) + (-1/2)]. Detta är en form av negativ elektronisk energi. Som nämnts har termerna positiv och negativ ingen matematisk innebörd, de anger endast en spinnriktning, och i fysisk mening avser detta flödet av elektroniska laddningar, för att skilja mellan energier som spinner i motsatt riktning.

Dessa energiformer är redan integrerade. De två integrerade positiva elektroniska energierna bildar de elektroniska atomkärnornas positiva elektroniska materia. Den negativa energin, när den är integrerad, bildar elektronernas negativa elektroniska materia.

Dessa två former av positiv och negativ energi kan integreras ytterligare, och för att denna integrering ska kunna ske måste den ske rumsligt. Elektroner kommer alltså att integreras rumsligt med atomkärnor för att bilda elektroniska atomer. De elektroniska atomerna bildar elektroniska molekyler, och de elektroniska molekylerna bildar all den organiska och oorganiska elektroniska materia som hittills existerat i universum. De bosoner som är inblandade i bildandet av elektronisk materia är gluonerna.

Elektronisk materia, vare sig den är organisk eller oorganisk, är inte medveten om sin existens, eftersom organisk eller oorganisk materia i sig inte bildar liv. Elektronisk materia kan med andra ord inte spontant kombinera sig med magnetisk massa. För att integreringen av magnetisk massa med elektronisk materia ska kunna ske på ett rumsligt sätt måste den elektroniska materian vara evolutionär. Den enda evolutionära elektroniska materian är en diploid, som skapas genom en dräktighetsprocess mellan två haploider genom sexuell förening.

Denna energi som roterar i samma riktning uppåt producerar en magnetisk energi som roterar från vänster till höger. Den positiva magnetiska energin bildar när den integreras den intelligenta magnetiska massan av en positiv ande; det vill säga, detta är den magnetiska massa som är medveten om sin existens. Det är den positiva magnetiska massan som styr den positiva elektroniska materian hos en manlig varelse och det är han som bär de haploider som han bär i sina gonader.

Det maskulina väsendet, eller det som kommer från integrationen av positiv magnetisk energi, kan vara en mans ande, en tiger, en katt, en tupp, en manlig insekt, en val, ett träd eller en tjur. Det kommer att vara vilken varelse som helst som består av den positiva magnetiska massan som förflyttar den positiva elektroniska materian hos en manlig levande varelse.

På samma sätt som den positiva eller från vänster till höger roterande magnetiska energin integreras, bildas den negativa magnetiska massan av den från höger till vänster roterande energin. Integreringen av denna negativa magnetiska energi bildar den magnetiska massan hos en kvinnlig ande, och för integrering med den manliga varelsen bär den den kvinnliga haploiden i form av ett ägg i livmodern. Det feminina eller negativa väsendet kan vara en kvinnas ande, en tiger, en katt, en höna, en kvinnlig insekt, en val, en buske eller en ko. Det kommer att vara vilken varelse som helst som bildas av den negativa magnetiska massan som förflyttar den negativa elektroniska materian för att bilda en levande varelse med sina kvinnliga karaktärer.

Andarnas magnetiska massa och de fysiska kropparnas elektroniska materia är kirala, vilket förklarar varför vi har två ögon, två händer, två armar eller en hjärna med två halvklot. Alla kroppar som existerar i universum har en vänster sida och en höger sida. Med andra ord är alla levande varelser tredimensionella. Vi har förklaringen till kiralitet att tacka dr Jacobus Henricus van 't Hoff för.

Dessa två magnetiska energier är redan integrerade i

form av magnetisk massa, så att andens magnetiska massa bildades genom den spontana integrationen av två magnetiska energier, vilket genererade den magnetiska massan hos en kvinnlig och en manlig varelse. Medan den fysiska kroppens elektroniska materia bildades genom den spontana integrationen av de två elektroniska energierna.

Dessa två typer av elektronisk energi i form av elektronisk materia och magnetisk massa kan integreras ytterligare rumsligt, men utan att smälta samman. Det vill säga, denna integrering kommer inte att resultera i bildandet av en enda identitet. I stället för en integration skulle man kunna säga att det är en förening. Som nämnts är detta inte en integration, eftersom dessa två typer av elektronisk materia och magnetisk massa endast kan associeras fysiskt i den fysiska världen med hjälp av en diploid. En diploid bildades av två haploider; den ena haploiden fanns i gonaderna hos en manlig varelse, medan den andra haploiden bildades av ett äggskal hos en kvinnlig varelse. Ett träd kan innehålla både manliga och kvinnliga blommor och för att bära de frukter som avkommans frön ingår i behöver trädet bin för att befrukta blommorna.

Andens magnetiska massa är således inte på ett bestämt sätt integrerad med kroppens elektroniska materia. Därför kan de två enheterna separeras när den fysiska kroppens materia fullbordar sin utvecklingscykel som ger form åt det fysiska livet. Denna kulminationsprocess av den elektroniska kroppens fysiska utveckling är det vi kallar åldrande.

Det finns ingen död, för varken kroppens elektroniska materia eller andens magnetiska massa kan utplånas. Det finns bara en process av dissociation mellan den fysiska kroppens elektroniska materia som är associerad med andens magnetiska massa. Efter separationsprocessen kommer den elektroniska materian att förbli en del av jordens fysiska kropp. Medan andens elektroniska massa utan den elektroniska materiekroppen kommer att kunna återvända till sin andliga värld. Men den kommer bara att kunna ta med sig livserfarenheterna i sitt magnetiska minne, eftersom andens magnetiska massa inte innehåller elektronisk materia. Andens magnetiska massa kan alltså inte ta med sig något fysiskt eller materiellt från den fysiska världen till den andliga världen.

Utvecklingen av andens magnetiska massa sker genom kunskap, och det är denna kunskap som väcker den andliga varelsens medvetandetillstånd. Medvetande är kunskapen om existensen, det vill säga om alla varelsers rätt att existera i universum. Medvetandet kommer att vara vilande i den andliga varelsens magnetiska minne. När medvetandet vaknar i den andliga varelsen kommer det att skapa en extas, som kommer att höja den andliga varelsen till en högre nivå av prestationer. Genom den kunskap som erhålls kommer det att skapa en känsla i anden för andra levande varelser, som också har rätt att existera i denna fysiska värld på jorden.

Det fysiska livet på jorden utgör således en station på den oändliga skalan av energinivåer.

Haploider har inget minne, så diploider är inte medvetna om sin existens. Diploider består av elektronisk materia som utvecklas, vars utveckling slutar när processen för elektronisk materias utveckling slutar, vilket som sagt representeras av åldrande. Därför utvecklas kroppens organiska materia endast genom justeringar av elektronisk karaktär utan att man känner till processen. Det andliga väsendet införlivas i det levande väsendet när diploiden når det definitiva utvecklingsstadiet av ett spädbarn.

Från och med den tidpunkten kommer anden att ta kontroll för att styra sin exklusiva fysiska kropp. Beroende på den kunskap som anden har uppnått kan dock den ande som införlivas i den fysiska kroppen hos ett spädbarn vara medveten om sin existens eller inte. Detta förklarar varför barn varje dag föds med stora genier. Men detta geni kan utplånas av de flesta människors inlärda vanor, vilket beror på den kunskap som barnets föräldrar har förvärvat.

2

EXPERIMENTELL VETENSKAP

Att inte känna till syftet med tillvaron är bara en av de egenskaper som den ande som bor i en levande varelses kropp måste lära sig. Okunnighetens kvalitet har varit för alla, det vill säga för vetenskapsmän och icke-vetenskapsmän. Men vi måste ta hänsyn till att det är vetenskapsmännen som är de tänkare som bidrar mest till sökandet efter kunskap. Kunskapen måste delas med alla varelser i samhället som har en önskan att lära sig, för den sanna kunskapen hos den andliga varelse som tillfälligt lever i en fysisk kropp kan inte döljas och bevaras för hans eller hennes eget bruk. Det skulle inte vara meningsfullt, för det är nödvändigt att dela med sig av kunskap för att främja sig själv på en bredare skala av andlig utveckling. Själviskhet står i motsats till kunskap, för själviskhet fördröjer andens evolutionära framsteg.

Vi kan visa att den människa som vill göra framsteg med sitt tänkande och tankens förnuft genom historien har gått igenom en rad motsättningar, som endast kan klargöras genom experimentell vetenskap. I början av mänsklighetens historia var de bidrag som gav oss grunden för kunskapen endast av filosofisk natur. Men det filosofiska tänkandet var viktigt, eftersom filosofen inte hade något vetenskapligt instrument för att bevisa vad han tänkte med sin resonemangsförmåga.

Bland dessa första filosofiska tänkare fanns den grekiske filosofen Claudius Ptolemaios, men Ptolemaios hade inget vetenskapligt instrument för att bevisa sin filosofi; därför inplanterades Claudius Ptolemaios geocentriska tanke i människans sinne, som inte gjorde en resonerad analys på ett logiskt sätt, utan hans sätt att tänka byggde på idén om en mytologi.

En tid på 1 500 år av filosofi räcker för att utveckla en religiös doktrin, som har hållit sig fram till i dag, eftersom många tror att Gud skapade Eva ur Adams revben, eller att Gud sa: "Låt det bli ljus" och på ett magiskt sätt dök ljuset upp. Detta var visserligen ologiskt men övertygande för de oresonliga sinnena.

Tyvärr tänker majoriteten av människorna på ett orimligt sätt, och minoriteten är de som inte låter sig övertygas av en rent filosofisk idé.

Det är en del av det filosofiska men förnuftiga konceptet i den tyske filosofen Friedrich Wilhelm Nietzsches stora hjord. Även under detta århundrade av tekniska framsteg är denna flock fortfarande en del av majoriteten av människorna.

Det är detta som vi måste besegra genom kunskapsvetenskapen, för det är bara kunskapen om universums ursprung som kommer att väcka det slöa medvetandetillståndet hos de flesta människor.

Friedrich Wilhelm Nietzsche representerar en rimlig förändring mellan filosofi och experimentell vetenskap, för Friedrich Nietzsche tillämpar filosofin på samhället. De flesta människor drivs av vana och sedvänja i det som de flesta människor gör, men vi kan inte basera vår kunskap genom att delegera logiken till enbart en teori. Vare sig det är en vetenskaplig teori eller om den har uppstått genom filosofisk analys; för det är tanken som kommer först, och det sker innan en teori läggs fram.

Gud måste ha tänkt på hur universum skulle se ut innan han skapade universum. Gud är alltså fortfarande en filosofisk teori, men det är den teori som har funnits längst i de flesta människors medvetande, eftersom det ännu inte har varit möjligt att bevisa Guds existens.

Därför är Claudius Ptolemaios filosofiska tanke den som har lyckats bäst med att inplantera sig i människans sinne, det vill säga teorin om att det var en skapare som skapade universum. Men som vi har sagt skulle detta förutsätta att skaparen existerade innan universum existerade; och i ingenting finns ingenting; så i ingenting kan det inte finnas någon som har för avsikt att skapa ett universum, eftersom vi skulle behöva söka efter vem som skapade skaparen som skapade universum; och i detta retrospektiva sökande kommer vi att komma fram till ingenting; och där skulle filosofens filosofi skingras av sig själv. Skaparen kan inte skapa sig själv, och även om skaparen är en energi, skapas energi genom rörelse, och det fanns ingen där som kunde röra skaparen som skapade skaparen som skapade skaparen som skapade universum.

Den engelske filosofen, politikern, advokaten och författaren Francis Bacon anses vara den som har gjort skillnaden mellan det filosofiska och det vetenskapliga, eftersom det var Francis Bacon som först föreslog ett experimentellt test för att bekräfta ett vetenskapligt faktum.

FIGUR 5

**DEN ENGELSKE TÄNKAREN FRANCIS BACON VAR DEN FÖRSTE ATT
ATT FÖRESLÅ EXPERIMENTELL VETENSKAP FÖR ATT KUNNA TESTA
EN TEORI**

Francis Bacon föreslog att man genom vetenskapliga re-
sonemang skulle kunna eliminera de förutfattade mening-
arna om världen. Med andra ord hävdade Francis Bacon att
det var möjligt att studera människan med hjälp av experi-
ment. Francis Bacon menade att det var möjligt att studera
människan med hjälp av en teori och en experimentell veten-
skap med hjälp av en serie observationer. Men dessa obser-
vationer måste verifieras genom experiment. Francis Bacon
sade att vetenskapsmännen framför allt bör vara misstänk-
samma och inte acceptera förklaringar som inte kan verifieras
genom observationer och experiment, dvs. som om de vore
fakta som endast kan förklaras på ett filosofiskt sätt.

Det var Francis Bacon som kom på begreppet logik, med
syftet att tillämpa och testa resonemang genom experimen-
tella bevis. Sedan urminnes tider har man använt sig av siffror
för att utreda universums ursprung, det vill säga att dra en
slutsats utifrån uppgifter som inte har något stöd, som inte
kan bekräftas enbart med ett antagande utan experimentellt

bevis.

Den experimentella metod som Francis Bacon föreslog innebar ett genombrott för den vetenskapliga metoden, eftersom denna metod var ett grundläggande skäl för att komplettera en vetenskaplig hypotes. Men trots logiken invände vissa forskare inom filosofiskt tänkande mot Francis Bacons experimentella vetenskap.

Francis Bacon ledde således en idékamp för att invända mot den ovetenskapliga filosofin i Aristoteles filosofiska tänkande, eftersom Aristoteles filosofi begränsar den tillämpade vetenskapens framsteg. Det vill säga, filosofin tillåter oss inte att göra projektioner i tiden. Som den franske astronomen, fysikern och matematikern Pierre-Simon de Laplace senare analyserade.

FIGUR 6

**PIERRE-SIMON LAPLACE SADE: FILOSOFI INTE
ATT GÖRA TIDSPROGNOSER**

Francis Bacon anser att om vi hade följt Aristoteles' idéer skulle dessa filosofiska idéer ha lett oss in på motsägelser och förlamning av kunskapen, som är det som ger drivkraften åt det mänskliga tänkandet.

Francis Bacon kritiserade Aristoteles filosofiska metod på grund av dess praktiska inkompetens, för Aristoteles filosofi var endast ett symboliskt argument, som endast var användbart för eleganta tal, färgning av debatter och diskussioner utan argument, men inte i vinstsyfte eller för att framställa verk som skulle tjäna till att förbättra mänsklighetens tänkande.

Francis Bacon hänvisar till Aristoteles filosofi som en filosofi som lämnar den vetenskapliga forskningen utan grund, eftersom Aristoteles idéer endast kretsar kring en mytologisk handling. Med andra ord har rent filosofiska idéer inte ett skäl som ger fast stöd åt mänsklig kunskap.

Därför behövs experimentell vetenskap för att verifiera ursprunget och karaktären av det man tänker genom resonemang. Francis Bacons förslag bygger på att bevisa en filosofisk idé med hjälp av ett experiment, och det kommer att ske med målet att dominera naturkraften med hjälp av det förnuft som har sitt ursprung i det mänskliga tänkandet.

Men Galileo Galilei dök upp med en vetenskaplig utrustning, och med detta instrument kunde Galileo Galilei omkullkasta alla typer av filosofiskt tänkande genom ett experiment med en liten kikare. Genom sitt teleskop kunde Galileo Galilei se universums enorma oändlighet. Den dåvarande påven ville dock inte observera universum genom Galileo Galileis glasögon, kanske för att inte motsäga den filosofiska tron på skapelsen, eller så ville han inte se dess sanna skapare genom Galileo Galileis teleskop.

Enligt Claudius Ptolemaios filosofi var jorden universums centrum. Så för den katolska kyrkan var allting klart när det gäller jordens skapelse, eller enligt uppskattningen av Claudius Ptolemaios filosofiska tänkande.

Aristoteles trodde med sitt filosofiska argument att universums skapare använde siffror för att utföra sitt arbete, men det är något som inte passar in i logiken, eller låt oss säga att det inte passade in i Francis Bacons logik.

Det skulle vara tänkaren Euklid som skulle använda en kompass och en linjal för att forma geometriska figurer och bevisa Aristoteles idéer om siffror. Men denna Euklids idé övertygade inte heller dem som tänkte som Francis Bacon. Men det var det som möjliggjorde födelsen av en antireligion som skilde sig från vad den katolska religionen förkunnade. Denna filosofi skulle sedan bli doktrinen om universums skapelse av en projektionist, för universums skapare använde sig inte bara av Aristoteles siffror, utan för att skapa universum använde han sig av en kompass och en fyrkant, vilket gav upphov till en motsägelse på den religiösa sidan när det gäller universums skapare.

Å andra sidan skulle den katolska kyrkan förlita sig på inkvisitionens lag för att fördöma Galileo Galilei tillsammans med hans tankar skrivna i en bok, för att radera dem genom att bränna dem på bål. Den katolska kyrkan glömde dock att bränna Galileo Galileis kikare. Sedan kom teleskopen från den tyske astronomen William Herschel, den amerikanske astronomen Edwin Hubble och det senaste i januari 2022, som heter James Webb, efter amerikanen James Edwin Webb.

Tyvärr för påven produceras energi genom rörelse, vilket visas i figur 4. Partikeln som skapade universum började röra sig av sig själv och genererade energin genom rörelse. Universum kommer inte att sluta röra sig. Det vill säga, universum skapades inte, utan universum är snarare i en skapelseprocess. Universum kommer inte heller att sluta skapas så länge det finns rörelse. Men universums rörelse kommer inte att upphöra, även om dess vilopunkt ligger bortom oändligheten.

Albert Einstein begick ett misstag, både filosofiskt och vetenskapligt, när han utarbetade relativitetsteorin. Eller låt oss säga att det var familjen Einstein som inkluderade Mileva Marić i denna grupp, eftersom familjen Einstein antog att den magnetiska massan är lika stor som den elektroniska materian och att universums ursprungliga elektroniska materia var imaginär, eftersom de förlitade sig på en matematisk funktion av Johann Carl Friedrich Gauss och på en euklidisk geometri.

Om inte Albert Einstein kopierade den matematiska relativitetsteorin från sin fru Mileva Marić, och Mileva Marić var ett offer för Matilda-effekten, eftersom kvinnliga vetenskapsmännens prestationer inte erkändes på den tiden. Därför gick äran för det vetenskapliga arbetet till Mileva Marićs make, eftersom kvinnor på den tiden inte hade tillgång till studier tillsammans med baronerna.

Matildaeffekten beskrevs av feministen Matilda Joslyn Gage i hennes bok "Woman as Inventor". Termen Matilda-effekten är relaterad till Matthew-effekten, där en välkänd vetenskapsmans rykte är viktigare än en okänd vetenskapsmans rykte. Ofta söker en okänd forskare stöd från en känd forskare för att publicera sitt arbete. Ett arbete av den okända forskaren, men som kan vara det viktigaste arbetet för att förändra människans sätt att tänka.

Än idag finns det fortfarande denna klassificering som kallas social status; till exempel där en läkare utan ryktbarhet kan ha större popularitet än en känd vetenskapsman. Ett vetenskapligt arbete kan också ha olika inverkan på en läsare om författaren är en kvinna eller en manlig vetenskapsman. Den övervägande karaktären hos en manlig varelse kommer från den positiva energin hos en almatrino som bildade en positiv magnetisk kärna.

Solen är en ständigt växande elektronisk kärna, eftersom den positiva laddningen ackumuleras i den elektroniska kärnan; medan planeterna i själva verket är den negativa elektroniska laddningen, vars antal negativa laddningar är lika med solens positiva laddning. Solens positiva elektroniska laddning måste alltså vara lika stor som satelliternas negativa laddning. Den negativa laddningen flödar till exempel från satelliten Jorden till solens kärna.

Negativa elektroner kan separera sig från den positiva kärnan; därför kan elektronerna färdas i form av elektromagnetisk strålning, vilket genererar separationen av fotoner, och med den den ljusa effekten av ljus. Det är genom strålning i det synliga området som vi kan se planeter och föremål på planeter. Detta fenomen med separation av fotoner är det som gav upphov till ljuset. I början fanns det inget ljus; det framväxande universum var mörkt eftersom det inte fanns några planeter; universum genomgick därför en period av absolut mörker.

Kunskap är som ljus som lyser upp sinnet; därför måste människan gå igenom sin period av mentalt mörker. Ankomsten av den kunskap som ska spridas till sinnen som tänker analytiskt kommer att bero på tiden för arbetet, och detta kommer att ske tills det nya samhället behärskar vetenskapliga idéer, för det är lättare att implantera en filosofisk myt än ett vetenskapligt resonemang.

Men i detta ögonblick i mänsklighetens historia, genom amazon.com och de sociala nätverken, kan man säga att denna kunskap kommer omedelbart, men dessutom kommer den information som sprids att nå miljontals människor. Om kunskapen har ett skäl som lyckas påverka kunskapen kommer skälet till kunskapen att förbli en del av människans utveckling, eftersom förnuftet alltid kommer att stå över kunskapen.

Men om vi återgår till sökandet efter förnuft med hjälp av ett vetenskapligt instrument kan det i detta fall finnas en annan konflikt som endast beror på okunskap, men inte på förnuft. Ett teleskop kommer till exempel alltid att peka mot universums kaos, eftersom det är omöjligt att från jorden se universums centrum. Så oavsett hur skarpa bilderna från James Webb-teleskopet är kommer det inte att vara möjligt att utifrån dessa bilder dra slutsatser om hur kaoset i universum bildades ur en ordning. Det mest logiska är därför att börja analysera hur universum bildades ur en ordning som befinner sig i centrum av centrum, det vill säga i själva centrum av universum.

En ordning som bara kunde existera i början, med tanke på att universum började bildas från en almatrinos rörelse; och ordningen i universum existerar fortfarande, men vad vi kan se är ett litet område i förhållande till universums stora storlek; det är detta område som vi kan observera med ett teleskop; men detta lilla område ser ut som kaos för oss.

För de analyserande vetenskapsmännen är universum en röra som inte kommer att ha någon slutpunkt; för vad vi skulle kunna kalla gränsen för tomrummet, denna kant växer eller drar sig tillbaka till ingenting i oändlighet.

Ekvationen $Ev = m_0 C^3$ är emellertid den som på det mest logiska och uppenbara sättet förklarar hur universum började bildas från en ordning, endast genom rörelsen av en minimal mängd energi.

Stephen Hawking insåg att Francis Bacons experimentella vetenskap gjorde att filosofins förklaring var allvarligt bristfällig. Låt oss säga detta, så att vi inte måste säga att det filosofiska tänkandet är dött, för uppenbarligen har inkvisitionen, som försökte utplåna förnuftet i Galileo Galileis logiska tänkande, även om den inte har någon brasa som kan utplåna minnet av den tänkande människan, fortfarande flamman från denna brasa lever kvar i dem som vägrar att acceptera kunskapens förnuft. De vill inte se de tydliga fotografier som James Webb-teleskopet sänder oss för att inte motsäga en doktrin, eller så anpassar de doktrinen och placerar de fotografier som James Webb-teleskopet sänder oss i en lämplig ordning. De religiösa säger då: "Skåda Guds storhet!

Men universums och andens bana kan inte ändras eller släckas, eftersom de är eviga. Det är bara händelserna med elektronisk materia som förändras, för dessa förändringar kommer inte att upprepas; för universum rör sig framåt, och det är kombinationen av elektronisk materia som förändras.

Vi måste veta hur denna process av universums födelse och existensen av alla levande varelsers ande ser ut för att kunna leva i harmoni vid denna punkt i det enorma universumet, för universumet blir större för varje ögonblick som går. Alla människor är inte medvetna om sin existens och om universums existens, men det var genom den energi som utgick från universum som allt i universum uppstod.

Universum formas emellertid av elektronisk aktivitet; därför är universum inte heller medvetet om sin existens. Den medvetna delen av universum är andarnas magnetiska massa, som bildas genom integrering av den magnetiska energi som utgår från rörelsen av den elektroniska energi som skapar universums rörelse.

Med andra ord, om universum var statiskt skulle ingen energi av något slag genereras i universum. Därför kan vi säga att universum utvecklas genom att generera elektronisk och magnetisk energi utan att vara medveten om deras existens. Universum växer på ett exponentiellt och progressivt sätt, eftersom universum imploderar i ett absolut vakuum, men detta vakuum har ingen gräns. I det vakuum inom vilket universum imploderar finns det således inga krafter som motsätter sig universums accelererande tillväxt.

Vakuumets gräns är oändlig, eftersom det i vakuumet inte finns något som kan stoppa universums tillväxt. Universum kommer inte att kunna sluta fylla det vakuum i vilket det imploderar med energi, eftersom mer energi produceras när universum rör sig, och universums ytterkant expanderar eller drar sig ständigt tillbaka till ett värde där ingenting existerar. I ingenting finns det inte ens oändlighet.

Så alla andar måste lära sig att samexistera i det stora universumet. Men människan tror att hon eller han är den enda varelse som existerar i universum; därför söker människan på ett meningslöst sätt efter en plats som är likvärdig med jorden för att leva ensam. Eller så letar han efter en planet som liknar jorden, så att denna planet kan ge kontinuitet åt existensen av hans fysiska kropp, eftersom människan ännu inte vet att hon eller han i själva verket är en ande som införlivades i en fysisk kropp när människans kropp var ett barn i moderns livmoder.

Men att leta efter en planet som är likvärdig med jorden kommer att vara ett omöjligt sökande, eftersom endast den andliga delen av människan är evig. Det är alltså meningslöst att resa i fysisk form för att hitta en plats som liknar jorden, eftersom den föränderliga organiska materian endast existerar på jorden. Människans andliga form är den enda som kan resa snabbare än det snabbaste rymdskeppet som finns, men för att kunna resa med så hög hastighet måste människans ande skilja sig från den fysiska kroppen.

På jorden kan anden endast införlivas för att rida på ett spädbarn. När barnet föds måste anden som åker i barnets kropp börja röra sig med samma hastighet som barnets fysiska kropp. Detta kommer att ske successivt i takt med att den fysiska kroppen växer och kommer att upphöra när den fysiska kroppen åldras. Den fysiska kroppen kan inte röra sig lika snabbt som anden, för om den fysiska kroppen skulle röra sig med andens hastighet skulle den fysiska kroppen bli elektronisk energi.

Ett embryo bildades av en diploid, och en diploid bildades av två haploider. Så i universum kommer vi inte att kunna hitta en haploid med ett teleskop, för det är inte logiskt. Ett par bestående av en kvinna och en man av samma art skulle behöva resa i ett rymdskepp, och detta par skulle få barn, barnbarn och barnbarnsbarn i rymdskeppet, men haploider mellan familjer genererar genetiska förändringar.

Haploider är levande varelser, men haploider har ingen ande, eftersom haploider kommer från mutation av ett virus, och ett virus är en övergång mellan elektronisk energi och magnetisk energi. Om haploider finns på andra ställen kommer vi inte att kunna skilja dem åt, det vill säga vi kommer inte att veta om de är haploider från ett djur eller en människa, eftersom haploider är för små för att kunna ses med ett teleskop, så haploider kan bara ses med ett mikroskop.

Dessutom behöver en människas ande en kropp som bildas genom att två haploider kombineras för att bilda en diploid, och denna diploid fortsätter sin evolutionära process av replikation tills den blir ett embryo och sedan ett barn, i vilket anden kan integreras för att leva i en fysisk kropp. Denna process är dock densamma för alla sexuellt reproducerande varelser.

På ett sådant sätt att människan söker en tillflykt endast

för sin ras men glömmer bort de andra varelser som också finns på jorden.

I det mänskliga sinnet pågår en debatt om vem som kom först, hönan eller ägget, men logiken säger oss att en mutation inträffade först. Eftersom det var en mutation kunde den första fågeln som bildades inte flyga med en urinblåsa full av vatten, så fågeln muterade sin fysiska form. Dess reproduktion är fysisk genom ett ägg som befruktas av en hane. Kanske bildades en fågel genom mutation av en manta som kunde flyga i luften i stället för i vatten. Men det finns hermafrodita varelser, t.ex. en salamander som inte behöver en hane för att föröka sig. Salamandern lägger ägget själv utan att behöva en hane.

Fågeln var tvungen att flyga för att kunna bygga bo i träd utom räckhåll för äggätande rovdjur. På samma sätt kan människan inte leva ensam i universum. På jorden bildades till exempel en symbios mellan alla levande arter. Den ena behöver alltså den andra för att kunna existera.

Eller låt oss säga att på denna resa, som skulle vara omöjlig att göra fysiskt till andra galaxer, måste människan bära med sig alla frön och gödningsmedel för att gödsla jorden som får gräset att växa, för att mata sin fysiska kropp med de frön som gräset producerar, och tillräckligt med vatten för att bevattna gräset. Djuren dricker vatten och urinerar det. Urea från djururinen och ammoniak från fisken göder gräset så att det kan föda och växa. Det är alltså ett helt system som människan skulle behöva bära med sig på sitt skepp för att kunna flytta till och överleva på en annan planet.

Under tiden kommer vi att förstöra jorden, trots att det har tagit jorden miljontals år att bilda detta ekosystem. Det är ett mänskligt misstag, eftersom den omedvetna människan inte vet att andar inte behöver äta organiska ämnen för att få näring. För att resa som andevarelser behöver vi inte bygga ett rymdskepp.

Därför är det nödvändigt att väcka medvetandet hos dem som är omedvetna om sin existens och universums existens, för att förena alla levande varelser som bröder och systrar, oavsett om de bildar en ande eller är en del av en fysisk kropp.

På jorden har det genom historien visat sig att anden är omedveten om existensen av kroppens materia, eftersom det är omöjligt för kroppens materia att vara medveten om andens existens, vilket är anledningen till att människan antar att hon bara består av den materia som utgör hennes kropp.

I denna mening kan vi på jorden först nämna den franske kemisten och biologen Antoine-Laurent de Lavoisier, eftersom Antoine Lavoisier anses vara den moderna kemins skapare, och därför var det Antoine Lavoisier som drog slutsatsen att:

"Livet är en kemisk aktivitet".

Det vill säga, för Lavoisier är livet bara en elektronisk kropp som består av materia, som bara anpassar sig eller reagerar kemiskt. Antoine Lavoisier blev berömd för att han studerade oxidation av kroppar, det vill säga oxidation av elektronisk materia, men Lavoisier ansåg inte att han var den eviga energin i sin ande. Antoine Lavoisier studerade också fenomenet med djurens andning; men det var något som dr Ferdinand Perutz drog slutsatsen med hemoglobinmolekylen. Dr. Max Perutz var dock inte heller medveten om sin energi som ande.

Lavoisier studerade och analyserade luft, lagen om massans bevarande, kaloriteorin, förbränning och fotosyntes. Det vill säga Lavoisier studerade allt som hade med elektronisk materia att göra; men utan att betrakta sig själv som den energi som agerade för att dynamisera hans fysiska kropp. Antoine Lavoisier skulle alltså vara den förste som etablerade kunskapen om materia, vilket ledde oss till att studera de förändringar som sker i materia genom kemi, det vill säga genom den vetenskap som studerar förändringar och kombinationer av elektronisk materia. Men detta är en teori som vi måste testa, som Francis Bacon sade, utan att ta lätt på resultatet av ett antagande av filosofiskt tänkande.

Samma sak skulle hända med andra vetenskapsmän, som Albert Einstein, Emil Fischer, Max Planck, Paul Dirac eller Stephen Hawking, för om de hade haft möjlighet att i tid ha väckt upp tillståndet i sitt medvetande eller medan de levde i en fysisk kropp, att livet är en dualitet mellan andens energi och kroppens materia, skulle vetenskapen, som är den disciplin som ger oss experimentell kunskap, ha lett oss in på den mer korrekta vägen för resonemanget.

Stephen Hawking sade när han fick diagnosen multipel skleros och läkarna sa att han bara hade några få år kvar att leva:

"Jag drömde att jag skulle avrättas, men plötsligt insåg jag att det fanns en massa saker att göra, men att jag skulle göra dem om de gav mig en förlängning.

3

RÖRELSE AV EN ALMATRINO

En energipartikel kommer alltid att vara i rörelse; därför

finns det inga energipartiklar som inte är i rörelse. Universum är ett energisystem; därför kommer universum alltid att vara i ständig rörelse. Innan universum existerade fanns det ingenting, det vill säga innan universum bildades fanns det ingen partikel utan rörelse. Definierat som ingenting kan ingenting inte ha funnits innan universum bildades, eftersom universum började bildas i samma ögonblick som den minsta partikel vi kan föreställa oss började röra sig. Kanske kan ett ögonblick inte definieras på samma sätt som vi definierar tid i den fysiska världen, eftersom det i det första ögonblicket inte fanns något utrymme för att markera vad som hände mellan två punkter.

Därför har vi varit tvungna att definiera den minsta partikeln utan dimensioner, utan elektronisk laddning, det vill säga utan positiv eller negativ laddning, utan magnetisk massa och utan elektronisk materia, eftersom dimensioner inte existerade i det första ögonblicket, eftersom partikeln i det första ögonblicket inte var i rörelse.

En partikel med dessa egenskaper, det vill säga utan elektronisk laddning och utan någon form av magnetisk massa eller elektronisk materia, är vad vi har varit tvungna att definiera för det första ögonblicket som en almatrino.

Vid ett ögonblick, eller efter universums första punkt, var almatrino i rörelse, och universums energi som genererades av almatrinos rörelse började skapas. Den minsta mängd energi som genererade och kommer att generera universums stora energi, skapades av almatrino minsta rörelse på två sätt: 1) den positiva elektroniska laddningen, som när den integrerades bildade den positiva elektroniska materian i de elektroniska atomkärnorna, och den negativa elektroniska laddningen, som när denna energi integrerades bildade den negativa elektroniska materian i elektronerna. 2) Den positiva magnetiska laddningen; som när den förenas bildar den intelligenta massan hos en manlig ande; och den negativa magnetiska laddningen; som när den integreras bildar den negativa massan hos en kvinnlig varelse.

En almatrino representerar den minsta partikel som kan existera; men i början hade en almatrino ingen elektronisk laddning, ingen elektronisk materia och ingen magnetisk massa, eftersom det i det första ögonblicket inte fanns någon rörelse och inga fysiska dimensioner. Därför är det svårt att föreställa sig att någon var tvungen att flytta en almatrino för att energi skulle skapas genom rörelse. Eftersom en almatrino bara är energi är den minsta partikel som vi kan föreställa oss med det analytiska sinnet, så det mest logiska är att almatrino började röra sig av sig självt.

FIGUR 7

WOLFGANG ERNST PAULI UPPTÄCKTE NEUTRINO

Kanske var han förbryllad över att han inte kunde hitta lösningen för en energibalans, men 1930 föreslog den österrikiske fysikern Wolfgang Ernst Pauli att det borde finnas en partikel för att kompensera energibalansen, eftersom det bara var energi som saknades i ekvationen för det radioaktiva betasönderfallet. En sådan partikel kunde därför varken ha elektronisk laddning eller massa, eftersom det bara var energi som saknades i energibalansen. Denna partikel måste alltså vara neutral.

Wolfgang Pauli sade:

"Jag har gjort något fruktansvärt, för jag har postulerat en partikel som inte kan upptäckas.

Wolfgang Pauli kallade därför denna imaginära partikel, som varken hade laddning eller massa, för neutron.

På den tiden kunde idén om en partikel utan elektronisk laddning och utan massa inte passa in i Paulis logik, eftersom det på den tiden var svårt att föreställa sig en sådan partikel. Men eftersom det redan fanns en partikel som kallades neutron, föreslog fysikern Enrico Fermi för Wolfgang Pauli att partikeln skulle kallas neutrino, vilket betyder liten neutron.

Den kinesiske fysikern Wang Ganchang föreslog då idén att upptäcka den av Pauli föreslagna partikeln genom betasönderfall.

År 1956 lyckades experimentalfysikerna Clyde Cowan och Frederick Reines utveckla ett experiment för att upptäcka partikeln. Detta skedde i P-reaktorn vid Savannah River-anläggningen där Reines och Cowan den 14 juni 1956 lyckades fånga in neutriner.

Clyde Cowan och Frederick Reines skickade ett telegram till Wolfgang Pauli med följande text:

"Vi är glada att kunna informera er om att vi definitivt har upptäckt neutriner från klyvningsfragment genom att observera det omvända betasönderfallet av protoner...".

En neutrino är den minsta partikel som någonsin har

upptäckts genom mänskliga experiment.

Vi var alltså tvungna att definiera almatrino som en elementarpartikel som är mindre än en neutrino. När jag säger: 'vi har varit tvungna att... ' syftar jag på oss, eftersom jag inkluderar dig som läsare av detta verk; eftersom det blotta faktum att man ägnar sig åt att läsa denna bok innebär en önskan att lära sig och sprida det man lärt sig, i syfte att väcka människans medvetandetillstånd; och att veta att alla levande varelser är bröder; eftersom vi alla föddes och kommer att födas ur den energi som emanerade, det som emanerar och den energi som kommer att emanera från universums rörelse.

När det gäller neutrinoerna uppskattar man att 1×10^{11} neutrinoer passerar genom en tummenagel i sekunden, men trots detta enorma antal neutrinoer i naturen har endast ett fåtal neutrinoer upptäckts vid underjordiska platser som Super-Kamiokande. Detta är ett neutrinoobservatorium som ligger i Japan, och jämförelsevis är detta neutrinoobservatorium lika stort som en 15-våningsbyggnad.

Kamiokande utformades för att studera neutriner från solen och atmosfären samt sönderfallet av protoner och neutriner från supernovor var som helst i vår galax. Neutrinodetektorn ligger 1 000 meter under jord i Mozumigruvan i staden Hida i Gifu i Japan. Neutrinodetektorn består av 50 000 ton rent vatten som omges av cirka 11 000 fotomultiplikatorrör i en cylindrisk struktur som är 40 meter hög och 40 meter bred.

En neutrino kan korsa jordklotet utan att upptäckas. Man uppskattar att en neutrino kan färdas lika långt som en 100 ljusår lång stålstav utan att fångas upp.

Men om en neutrino är svår att upptäcka med 11 000 fotomultiplikatorrör, kommer det att vara omöjligt för oss att fånga en almatrino. Vi kommer inte att se almatrinos, men almatrinos måste vara de vanligaste energipartiklarna i rymden som vi inte ser. Almatrinos skulle fylla universums mörka rymd.

Det man hittills vet är att en neutrino har massa, även om mängden massa hos en neutrino är mycket liten.

Men, precis som Wolfgang Pauli gjorde, har vi definierat en almatrino som inte har någon elektronisk laddning, och ingen magnetisk massa eller elektronisk materia; en almatrino är bara energi. Energi är en extensiv egenskap, det vill säga att energin ökar i takt med att rörelsen ökar. En almatrino genererade energi när den började röra sig.

Den elektroniska energi som flödar genom en almatrinos rörelse kommer att omvandlas till elektronisk massa när almatrino roterar med hög hastighet. Men rotationshastigheten hos en almatrino är större än translationshastigheten hos de ljusfotoner som bildar strålningen i det synliga området, eftersom elektroner har massa.

Gränsen som avgränsar universums yttre del är lika med gränsen för den inre delen av ingenting; och denna gräns som avgränsar ingenting med universum rörde sig när almatrinos rörelse skapade rymden. Denna händelse började ske i det första ögonblicket, men den sker fortfarande med större intensitet, det vill säga 13,8 miljarder år senare. Ekvationen som beskriver denna rörelsehastighet och den ursprungliga energin är $Ev=m_0C^3$.

Kanske kan upptäckten av en almatrino uppnås på ett matematiskt sätt genom en extrapolering, eftersom vi inte kommer att kunna upptäcka en almatrino direkt eller genom ett experiment, eftersom det inte finns några elektroniska detektorer som kan fånga en almatrino. Vi kommer inte att kunna utforma ett experiment så att almatrinos lämnar ett spår efter sig, och att vi inte kommer att kunna påvisa deras existens på ett fysiskt sätt.

Rotationshastigheten skiljer sig från translationshastigheten. Till exempel måste en almatrino, eller vilken elementarpartikel som helst, rotera, dvs. rulla över sig själv med hög hastighet, för att kunna färdas i en elliptisk bana. Därför måste antalet spins vara större än rotationshastigheten för att elementarpartikeln ska kunna färdas i en elliptisk bana. Den translationella banan är elliptisk, eftersom det är det enda sättet för partiklar med samma energimängd att inte kollidera med varandra. Därför kommer rotationshastigheten alltid att vara större än translationshastigheten. Stjärnorna roterar snabbare än translationshastigheten genom elliptiska banor.

Vi kan beräkna den mängd massa m_0 som bildades, dvs. vilken mängd massa som ursprungligen producerades i universum. För denna beräkning måste vi utgå från en minimitid, då vi redan har två punkter i minimirummet, dvs. vi har ett minimiavstånd och en minimitid. Den minsta tiden är Max Planck-tiden, dvs. $t_{Planck}=5,391 \times 10^{-44}$ sekunder, och det minsta Max Planck-avståndet är: $d_{Planck}=1,616 \times 10^{-35}$ meter.

Det jämförande experimentet skulle behöva utföras med en elektron, men elektronen är ett elektronmoln, så elektronen har ingen struktur för att mäta sin exakta diameter. Det är därför som elektronen definieras som en punktpartikel med en punktladdning, men utan rumslig utbredning. Om en enskild elektron observeras med hjälp av en Penning-fälla, som konstruerades av den nederländske experimentalfysikern Frans Michel Penning, kan den övre gränsen för elektronens radie beräknas till 1×10^{-22} meter. Det finns en fysikalisk konstant som kallas den klassiska elektronradien, som har ett mycket större värde på 2,8179x10^{-15} meter. Den s.k. klassiska elektron-radien kan dock ännu inte sägas ha exakthet när det gäller elektronens grundläggande struktur.

På så sätt kan vi inte heller känna till tiden och avståndet under dessa minimivärden för att kunna närma oss universums utgångspunkt eller nollpunkt, där det absoluta vakuumet skulle vara, eftersom detta värde saknar dimensioner och därför har dessa kvantiteter under minimivärdet inte heller någon fysisk innebörd. Det vill säga, om vi vill betrakta kvantiteter som är mindre än dessa minimivärden, kommer vi inte att kunna göra det, eftersom utrymmet under dessa Max Planck-dimensioner inte existerar, och därför har det ingen fysisk mening, eftersom fysiska dimensioner inte existerar i den inledande punkten.

För storheter som är lika med eller större än dessa minsta Max Planck-värden kan vi beräkna rotations- och translationshastigheten för en elektron, vars rörelse kan representeras av en fermions rörelse.

Det vill säga att vi till en början för en elektron, för att göra en jämförelse med en almatrino, kan ta den minsta Max Planck-kvantiteten och elektronens klassiska radie, det vill säga 2,8179x10^{-15} meter. Om vi gör beräkningarna får vi fram att elektronens rotationsvärde är 1,641x10^{26} kilometer per sekund, medan elektronens translationshastighet för att kunna röra sig genom sin första elliptiska bana är 5,470x10^{20} kilometer per sekund.

Men vi kommer inte att kunna bygga en Penningfälla för att studera en almatrino. Så relativt sett är rotationshastigheten för en almatrinos energi runt sig själv för att förflytta sig genom sin elliptiska bana 300 000 gånger större än translationshastigheten, vilket är logiskt med tanke på det fysiska resonemanget, eftersom almatrinon var tvungen att rotera runt sig själv med en hög hastighet för att förflytta sig genom sin första elliptiska bana.

Men denna elliptiska bana blev större och större i takt med att det utrymme som skapades av almatrinots rörelse ökade. Därför kan rotationshastigheten inte vara oändlig. Denna rotationshastighet har alltså en gräns, eftersom den elektroniska rotationsenergin kommer att omvandlas till elektronisk materia vid den gränsen för rotationshastigheten hos en almatrino.

Hastigheten vid vilken den elektroniska energin blir till elektronisk materia kan beräknas utifrån ekvationen: $v=m_0C^3/E$, som är den ekvation som förklarar hur universum bildades från den minsta punkten genom rörelse.

Förhållandet mellan elektronisk energi och magnetisk energi är $E=CB$, dvs. det finns också en minsta hastighet vid vilken magnetisk energi omvandlas till magnetisk massa, dvs.: $v=mC^2/E$. I detta fall är m den magnetiska massan. Av detta följer Albert Einsteins och Mileva Marićs misstag.

Detta är rotations- och translationshastigheter som ligger över ljusets translationshastighet. Men en ljushastighet på 300 000 kilometer per sekund var vad Albert Einstein ansåg, eller kanske var det serbiskan Mileva Marić, för att formulera relativitetsteorin. Kanske studerades relativitetsteorin av Wolfgang Pauli före Albert Einstein.

Men trots den teoretiska och experimentella vetenskapens komplexitet vet vi bara att vi ibland kan återvända till den fysiska världen, så länge vi kan förlora minnet av den tidigare andliga varelsen, eftersom det fysiska minnet inte skulle ha utrymme att lagra all historia från våra tidigare liv. Men att födas med minnet av tidigare liv skulle vara meningslöst, för att införliva ett barn i livmodern i syfte att födas in i den fysiska världen är bara ytterligare ett steg i vår långa process och framsteg i vår andliga utveckling.

När det gäller den fysiska kroppen kommer vi inte att kunna förstöra den elektroniska materian i den elektroniska kroppen, för endast den elektroniska materian kan omvandlas. Denna elektroniska materia i den elektroniska kroppen kommer endast att vara elektronisk materia när den inte längre har energin från den andliga massan som gav den livets form.

Det kommer att vara omöjligt att sönderdela andens massa. Så döden av den fysiska kroppens elektroniska materia och döden av andens magnetiska massa existerar inte. Det är bara en nödvändig process av avbrott mellan kroppens elektroniska materia och andens magnetiska massa. När den magnetiska massan i anden har kopplats bort kommer den att fortsätta sin eviga evolutionära bana, medan kroppens elektroniska materia kommer att stanna kvar på jorden, men den kommer att fortsätta att omvandlas till andra typer av elektronisk materia.

På jorden kan alltså endast andens magnetiska energi tillfälligt associeras med kroppens elektroniska materia; det vill säga, andens energi kan integreras med den evolverande materian hos ett spädbarn för att bilda en levande varelse, men utan att smälta samman som en enda identitet.

Fem månader efter dräktigheten kommer den framtida levande varelsens evolutionära elektroniska materia att ha nått fram till ett embryo som uppstått ur en diploid, och denna diploid har i sin tur bildats ur två haploider. Därför har den elektroniska materian i den framtida varelsens kropp inte haft den riktning som en andes medvetna energi har innan den nådde fram till ett embryo. Fram till denna punkt förändrades kroppens materia endast genom faktorer av kemisk natur.

Ungefär fem månader efter graviditeten, eller när embryot nådde de definierade villkoren för ett barn, införlivades vid den tidpunkten andens magnetiska energi i barnets elektroniska kropp, och barnet kommer att fortsätta sin evolutionära process. Så den ande som är knuten till barnet kommer att stanna kvar i livmodern i 4 månader, tills födelseprocessen äger rum.

Under denna 4-månadersperiod känner barnet till sina egenskaper, för dessa egenskaper följer med den andliga varelsen som en del av det magnetiska minnet i varje varelses andliga utvecklingsprocess. Barnet vet redan före födseln att det kommer att födas med ett syfte, men det kommer inte att minnas det på ett fysiskt sätt, eftersom barnet inte har bildat hippocampus för att lagra de nya minnen som motsvarar detta nya livsskede i dess långa evolutionära process.

Hippocampus kommer att bildas i spädbarnets hjärna under barndomen. Detta stadium av barndomen slutar vid 7 års ålder, och efter den tiden kommer barnet inte att kunna minnas sin tid i livmodern eller hur hans eller hennes födelse gick till. Om inte deras barndom påverkas av en oförglömlig händelse.

Fostret har ingen inbyggd hippocampus; haploider har inget minne, men haploida andar existerar inte heller. Så det fysiska minnet är något som i sig tillhör andens magnetiska massa; därför för anden med sig kunskapen om sig själv, känner till sitt uppdrag och de kvaliteter som är lämpliga för dess varande som ande.

Andens minne kan således lagras i fysisk form i

hippocampus i barnets hjärna, eftersom anden nu lever i en fysisk kropp, och det är i hippocampus som anden kan lagra minnena av erfarenheterna från denna nya möjlighet till en fysisk vistelse.

Som vi sade är andens minne magnetiskt, det är en oskiljaktig del av anden, och därför kan barnets ande manifestera sina förmågor eller färdigheter innan det föds, eftersom barnet har med sig sitt magnetiska minne.

När separationen sker, det vill säga när anden skiljer sig från kroppen, kommer anden att kunna ta med sig sina minnen på ett energiskt sätt; vilket kommer att inkludera formen eller stämpeln av dess fysiska kropp i dess magnetiska minne; det vill säga anden kommer att göra en exakt kopia av den genetiska koden i sin fysiska kropp, eftersom formen av dess fysiska kropp utgör en oskiljaktig del av andens magnetiska minne. Därför kommer vi att kunna känna igen anden efter det att anden har skiljt sig från sin fysiska kropp.

Men denna process kommer att vara densamma för alla diploider som kommer från levande varelser; vi skulle alltså behöva ta reda på om den energi som rör den fysiska kroppen hos en växt, ett bi, en spindel eller en myras kropp inte är en ande, utan bara en energi som får kroppen att fungera genom rörelse. Kanske är det inte bara en instinkt, eftersom bin och myror till exempel har ett organisationssystem som är fysiskt avancerat.

Medan växter måste visa upp sina utsökta färger och dofter för att locka till sig bin, eftersom växter inte kan röra sig för att ha sex, så behöver växter bin för att pollinera dem.

Vi skulle kunna tro att andar kan se hela det elektromagnetiska spektrumet och en mer varierande blandning av färger. Men vi, från den fysiska världen, kommer inte att kunna se hur den spektakulära världen i andevärlden ser ut. Det är därför de som minns eftersom de har återvänt från andevärlden till den fysiska världen säger att andevärlden är underbar.

På jorden har det fysiska livet skapats genom en biologisk balans, det vill säga att människor behöver andra djur och träd för att få skugga, vilket gör det möjligt för dem att dämpa de ljusstrålar som kommer från solens korona. Han behöver också växter som näring för att kunna existera på denna fysiska station, som representerar den oändliga skalan av energinivåer.

Solutbrott uppstår i solkorona tusentals kilometer från solens yta. För närvarande vet vi till exempel inte vad som kan hända i jordens stratosfär, eftersom vi inte ser det. Vi kan observera solkoronautbrott från jorden, men vi kan inte se solens yta från jorden. En andlig varelse kan leva på solens yta. De som inte kan leva på solen är människor, så länge de befinner sig i en fysisk kropp gjord av elektronisk materia. En människas fysiska kropp skulle bara förflytta sig när den vill korsa solkorona. Men en människas ande kan leva på solens yta.

Det sägs att invånarna på Påskön förstörde allt på ön. De högg ner träden och kunde inte längre bygga kanoter med trävirke från träden för att fiska. Kanske skedde kannibalism där, på Påskön. Så de dog alla när den sista kannibalen åt den näst sista kannibalen, och påsköbornas civilisation dog ut.

Precis som det hände med invånarna på Påskön, kommer jordens invånare att förstöra jorden och livet på jorden om de fortsätter som de gör, och jordens invånare kommer att bli de enda påskönsborna i detta eviga universum.

De enda som kan sprida denna information är ni som läser den här boken, men det är det enda sättet för oss att förändra människans sätt att tänka. Så det faktum att ni har läst den här boken innebär också ett ansvar. Ni kan alltså förbereda era föreläsningar med era egna bedömningar, men det kommer att vara i syfte att sprida denna information till andra. Så att vi kan lyckas förändra mänsklighetens historia; och att människan kan styras i detta komma och gå på en väg som för varje dag som går blir bättre och bättre.

FÖRFATTARENS ARBETE

Examen i kemisk teknologi från kemifakulteten vid Universidad Central de Venezuela. Påbyggnadsstudier i livsmedelsvetenskap och -teknik. Särskilt arbete med kemi av naturprodukter och kemi av sjukdomar. Konstruktör av kemiska processer. Böcker som du kan hitta på Amazon.com®. Dessa böcker bör revideras i takt med att vi blir mer klara över hur universum bildades, så försök att läsa den senaste upplagan av varje bok. Dessa böcker är: "The Chemistry of Cancer". "The Chemistry of Diabetes". "Hjärtattack". "Alzheimers". "Kemin av artrit". "Tankens kemi". "Andens kemi". "Hur universum bildades". "Expensalisterna". "Varför man inte bör äta kött". "Mikrovärlden". "Finns Gud verkligen?". "Invändningar mot Albert Einsteins relativitetsteori". "Att spå framtiden". "De stora vetenskapsmännens misstag". "Livet på solen". "Universum före nolltid". "Andens energi". "Cancerens ursprung". "Cellernas värld". "Sjukdomarnas kemi". "Partikeln som skapade universum". Cancerens kemi, sjunde upplagan. Diabetesens kemi, sjätte upplagan; Hjärtattackens kemi, fjärde upplagan; "Minnets kemi"; Artritens kemi, tredje upplagan. "The Creative Power of the Mind" (sinnets kreativa kraft). Partikeln som skapade universum, tredje upplagan. "Universums ursprungliga massa". "Du bör inte äta kött". "Kroppens och andens ursprung". "Tillbe universum". "Socker en fiende i köket". "Tidsresor". Diabetesens kemi, nummer 7. Kemin av hjärtattack, nummer 5. Andens minne, nummer 1, Artritens kemi, nummer 5. "Universums startpunkt" Partikeln som skapade universum, nummer 5 "Andens utveckling". "Andens liv". "Att skriva om vetenskapen". "Universums början". "Andlig tillväxt". "Andens koppling till kroppen". "Livets ursprung". "Döden existerar inte". Cancerens kemi, sista upplagan. Partikeln som skapade universum, sista upplagan.

44

45

ANDENS INFÖRLIVANDE I DEN FYSISKA KROPPEN

47